Rinky Dwivedi

Abordagem Multi Casting para Redes Móveis Ad-Hoc

Rinky Dwivedi

Abordagem Multi Casting para Redes Móveis Ad-Hoc

ScienciaScripts

Imprint

Any brand names and product names mentioned in this book are subject to trademark, brand or patent protection and are trademarks or registered trademarks of their respective holders. The use of brand names, product names, common names, trade names, product descriptions etc. even without a particular marking in this work is in no way to be construed to mean that such names may be regarded as unrestricted in respect of trademark and brand protection legislation and could thus be used by anyone.

Cover image: www.ingimage.com

This book is a translation from the original published under ISBN 978-3-659-80010-8.

Publisher:
Sciencia Scripts
is a trademark of
Dodo Books Indian Ocean Ltd. and OmniScriptum S.R.L publishing group

120 High Road, East Finchley, London, N2 9ED, United Kingdom
Str. Armeneasca 28/1, office 1, Chisinau MD-2012, Republic of Moldova, Europe
Printed at: see last page
ISBN: 978-620-8-05303-1

ÍNDICE DE CONTEÚDOS

Lista de abreviaturas

3G -   Third Generation

BFA-   Bellman-Ford algorithm

CDS -   Connected Dominating Set

DS -   Dominating Set

DSR -   Dynamic Source Routing

GFG-   Greedy Face Greedy

LAN -   Local Area Network

MANET -   Mobile Ad Hoc Network

MCDS -   Minimum Connected Dominating Set

RREP-   Route Request

RT-   Routing Table

WLAN -   Wireless Local Area Network

WRP -   Wireless Routing Protocol

RESUMO

Uma rede Ad-Hoc móvel (MANET) é uma rede auto-iniciada formada em tempo real por um grupo de nós móveis sem o auxílio de qualquer administração centralizada ou infraestrutura estabelecida. Uma vez que os nós numa MANET são livres de se moverem arbitrariamente, a topologia da rede pode mudar rapidamente e de forma imprevisível. Assim, a conceção de um protocolo de encaminhamento eficiente torna-se um desafio para uma rede deste tipo e está a ser desenvolvida uma vasta investigação nesta área.

Foram propostos vários protocolos de encaminhamento para MANET, que podem ser classificados como protocolos de encaminhamento proactivos, reactivos e híbridos. Todos estes protocolos utilizam o mecanismo de inundação cega para a difusão de mensagens de pedido e resposta de rotas. A inundação cega resulta numa grave redundância de difusão, conduzindo a uma contenção no acesso ao canal e a colisões na rede. Para lidar com a inundação cega, foram propostos vários mecanismos, nomeadamente o esquema probabilístico, o encaminhamento baseado na distância, o encaminhamento assistido por localização e o encaminhamento baseado em clusters. Embora todas estas abordagens reduzam o número de transmissões até um certo ponto, continua a haver muita ardência.

Neste livro, é apresentado um mecanismo para lidar com a redundância de difusão. O livro apresenta uma abordagem para o cálculo do Conjunto Dominante Mínimo Conectado (MCDS) para toda a rede com base no conhecimento dos vizinhos de dois saltos. O MCDS é um subconjunto de nós na rede tal que todos os nós da rede se encontram no MCDS ou são adjacentes a ele. Os nós móveis que se encontram no MCDS constituem a espinha dorsal virtual da rede e só estes nós estão autorizados a retransmitir. Esta abordagem reduz significativamente o número total de nós de retransmissão na rede, o que resulta numa redução considerável da contenção e da colisão.

Capítulo 1. INTRODUÇÃO

Este capítulo apresenta uma breve introdução às redes móveis Ad-Hoc (MANET) e às suas caraterísticas. Também discute as questões importantes associadas ao encaminhamento em MANET. O capítulo também apresenta os diferentes critérios utilizados para a avaliação dos protocolos de encaminhamento de MANET.

1.1 Visão geral das redes móveis Ad-Hoc

As redes sem fios podem proporcionar aos utilizadores móveis uma capacidade de comunicação generalizada e um acesso fácil à informação, independentemente da sua localização. Existem atualmente duas variantes de redes móveis sem fios. O primeiro tipo é conhecido como redes de infra-estruturas, ou seja, as redes com gateways fixos e com fios, sendo as pontes destas redes conhecidas como estações. As aplicações típicas deste tipo de rede são as LAN's e as redes celulares. O segundo tipo de redes móveis sem fios é a rede móvel sem infraestrutura, conhecida como rede auto-organizada, e que também é designada por rede móvel ad hoc (um termo utilizado em MANET), rede móvel de rádio por pacotes, rede móvel em malha e rede móvel sem fios multi-hop.

As redes auto-organizadas são constituídas por nós de rádio móveis (anfitriões, routers ou comutadores) que formam uma rede temporária, sem qualquer ajuda da infraestrutura de rede existente ou da administração centralizada do sistema. Os nós da rede, quando fora do alcance de transmissão uns dos outros, podem comunicar com nós intermédios para encaminhar os seus pacotes num modo multi-hop. Estas redes são adequadas em situações em que é necessária uma infraestrutura instantânea; as aplicações típicas incluem a computação móvel em áreas remotas, comunicações tácticas, operações de aplicação da lei e recuperação de desastres.

Uma ligação é conseguida através de uma transmissão de rádio de um único salto, se dois nós estiverem localizados dentro do alcance de transmissão sem fios um do outro, ou através de retransmissões por nós intermédios que estejam dispostos a encaminhar pacotes para eles. As redes móveis sem fios aumentaram drasticamente nos últimos anos. Podem ser rapidamente utilizadas em muitas aplicações.

As redes móveis podem ser classificadas como redes móveis de infraestrutura e redes móveis sem infraestrutura. Nas redes móveis com infra-estruturas, apenas os anfitriões são móveis. Mas as estações de base são fixas. Os anfitriões móveis comunicam entre si com a ajuda de estações de base fixas. Por isso, são também designadas por redes de salto único. As actuais redes celulares 3G são apenas redes móveis limitadas, uma vez que não permitem a mobilidade das estações de base.

O outro tipo de redes móveis são as redes móveis sem infra-estruturas, nas quais não é necessária qualquer infraestrutura fixa. Estas redes são também conhecidas por redes móveis Ad-Hoc (MANET). Nas MANET, tanto os anfitriões como os encaminhadores podem ser móveis. Uma rede Ad-Hoc é uma rede de arranque automático formada em tempo real por um grupo de nós móveis sem a ajuda de qualquer administração centralizada ou infraestrutura estabelecida.

Uma **rede móvel ad hoc sem fios** é uma rede de dispositivos (possivelmente móveis) que pode ser configurada sem fios sem a utilização de uma infraestrutura fixa ou de uma administração centralizada.

> Nenhuma infraestrutura fixa.

> Rotas de nós e dados de prefácio.

> O encaminhamento desempenha um papel importante.

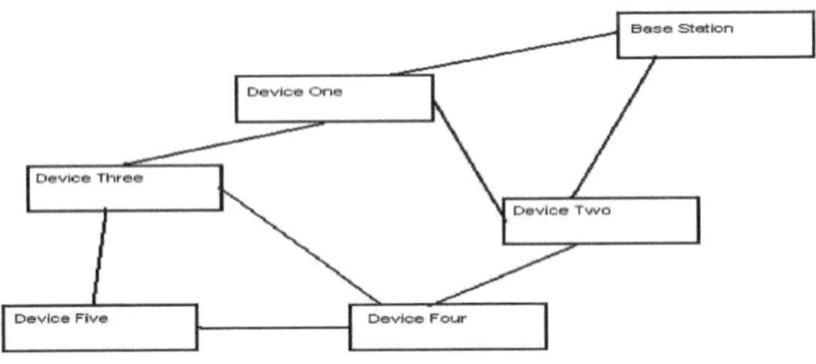

Figura 1.1:- Uma rede móvel ad hoc sem fios

5

Uma **rede móvel ad hoc sem fios** pode ser modelada como um grafo dirigido ou não dirigido:

1. Os nós representam dispositivos; se existir uma aresta do nó u para o nó v, então v pode receber o sinal de u.

2. No entanto, trata-se de uma abstração de alto nível, necessária para utilizar algoritmos da teoria dos grafos e que nem sempre corresponde às observações do mundo real.

Em primeiro lugar, vamos concentrar-nos no caso de dispositivos homogéneos, que têm o mesmo alcance de transmissão. Por conseguinte, estamos a utilizar grafos não direcionados e a distância geográfica dos dispositivos representados determina as arestas entre os nós.

1.2 Desafios associados à difusão em MANET

> **A difusão é espontânea** Qualquer anfitrião móvel pode emitir uma operação de difusão em qualquer altura. Devido à mobilidade dos hospedeiros e à falta de sincronização, a preparação de qualquer tipo de conhecimento global da topologia é proibitiva.

> **A difusão não é fiável**: Não é utilizado qualquer mecanismo de reconhecimento e deve tentar-se distribuir uma mensagem de difusão ao maior número possível de anfitriões sem grande esforço. Um anfitrião pode perder uma mensagem de difusão porque está off-line ou temporariamente isolado da rede, ou porque sofre colisões repetidas, o mecanismo de reconhecimento não deve ser utilizado, pois pode causar uma grave contenção do meio em torno do remetente

1.3 Problemas nos algoritmos CDS anteriores

O problema MCDS tem sido objeto de grande atenção e foram propostos vários algoritmos para obter um pequeno subconjunto DS com boa qualidade de aproximação. Estes algoritmos fornecem informações úteis sobre a forma de construir e manter um backbone CDS em redes ad hoc móveis. No entanto, também partilham os mesmos pressupostos irrealistas que impedem a implementação com as tecnologias sem fios existentes.

O primeiro pressuposto é que cada nó deve ter informações precisas sobre a topologia, recolhidas a partir de mensagens de difusão. De um modo geral, estes algoritmos designam alguns nós centralizados que identificam todas as alterações de topologia na rede ou exigem que cada nó individual mantenha um registo de todos os seus vizinhos. Essas informações "oniscientes" sobre a topologia permitem que os nós construam um backbone e o ajustem num ambiente dinâmico.

Em segundo lugar, assume-se um esquema de difusão fiável da camada MAC para enviar eficazmente mensagens de controlo. Isto deve-se ao facto de um nó ter de se sincronizar com todos os outros nós correlacionados, pelo menos com os seus vizinhos, antes de acomodar quaisquer alterações de topologia. Por exemplo, um nó pode declarar-se líder de um cluster apenas quando recebe o consentimento implícito ou explícito de todos os seus vizinhos. O processo pode falhar se alguma dessas mensagens não for entregue. Pior ainda, pode mesmo chegar a uma situação em que todos os nós fiquem presos num impasse.

Em terceiro lugar, os algoritmos CDS anteriores assumem que existe uma distinção entre a fase de construção da espinha dorsal e a fase de manutenção. A fase de construção requer um instantâneo estático global, em que não é permitida qualquer alteração da topologia, para estabelecer o backbone inicial. Posteriormente, apenas é necessário um vizinho estático local para manter a conetividade do grafo.

Estes pressupostos facilitam a análise teórica destes algoritmos CDS em termos de rácio de aproximação, complexidade temporal e complexidade das mensagens; mas também devido a estes pressupostos, é difícil implementar um esquema de encaminhamento de espinha dorsal para aplicações sem fios. A obtenção de um conhecimento exato e completo da topologia é fundamentalmente complicada numa rede ad hoc móvel sem apoio de qualquer infraestrutura externa. Depender de uma função de difusão não fiável para propagar e agregar essas informações torna a situação ainda pior. O IEEE 802.11 não pode fornecer difusão fiável, pelo que também é difícil sincronizar com outros nós, por exemplo, os vizinhos de um nó, como exigido pelo segundo pressuposto. Além disso, o caso normal de uma MANET não é começar do zero com um grande número de nós estáticos. Em vez disso, o caso típico é adicionar novos nós a uma rede existente, onde as mudanças de topologia e as excepções de nós são inevitáveis. Por conseguinte, não é adequado assumir uma imagem estática à escala global ou local para a construção e manutenção da espinha dorsal.

1.4 Problema principal

Muitos dos problemas de cálculo do MCDS são explicados neste relatório.

A figura 1.2 mostra uma rede composta por sete nós móveis que estão ligados através de ligações bidireccionais de acordo com a topologia apresentada. Suponhamos que o protocolo DSR é utilizado como protocolo de encaminhamento subjacente na rede.

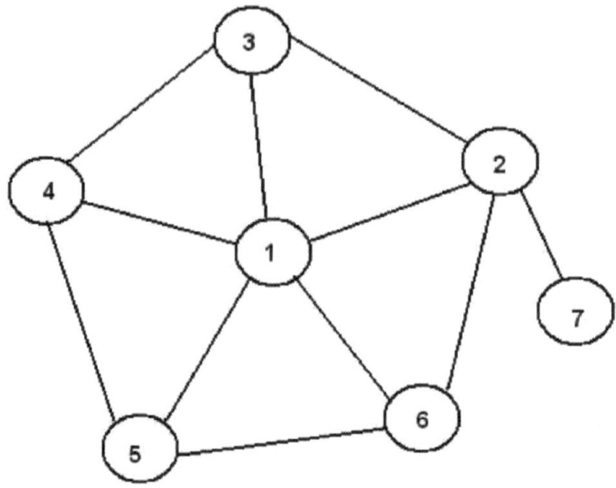

Figura 1.2 Problema da tempestade de difusão

Se o nó 1 quiser comunicar com o nó 7, em primeiro lugar é necessário estabelecer um caminho de 1 para 7. Suponhamos que 1 não tem nenhum caminho para 7 na sua cache de rotas. De acordo com o protocolo DSR, o nó 1 gera um RREQ para o nó 7 e transmite-o aos seus vizinhos, nomeadamente 2, 3, 4 e 5. Ao receber a mensagem RREQ, cada um dos vizinhos de 1 procura um caminho para G nas suas caches de rotas e, se não tiver nenhum caminho para o destino desejado, retransmite novamente o RREQ aos seus vizinhos. Assim, a abordagem de inundação cega é utilizada para a retransmissão da mensagem. Este mecanismo de inundação cega é muito dispendioso e resultará em redundância, contenção e colisão graves, que são referidos como o problema da tempestade de difusão. O livro apresenta uma estratégia para lidar eficazmente com o problema da tempestade de difusão em MANET e todos os algoritmos existentes utilizaram qualquer tipo de nó para calcular o MCDS, pelo que a complexidade do cálculo é média, a abordagem centra-se na minimização da complexidade do cálculo do MCDS.

Os nós que não são marcados pela "Regra 1" extensional também podem não ser marcados pela "Regra 2" extensional nos algoritmos de Wu e Li. Existe alguma sobreposição entre a regra extensional 1 e a regra 2.

1.5 Motivação

A Todos os algoritmos existentes utilizaram qualquer tipo de nó para calcular o MCDS, mas os algoritmos actuais utilizam um nó que tem o número máximo de nós vizinhos e que cobre o número máximo de nós no grafo. Assim, o algoritmo utiliza o mínimo de passos para calcular o MCDS. A redução do número de transmissões pode reduzir o consumo de largura de banda.

1.6 Questões de investigação

A investigação apresentada neste livro implementa um novo algoritmo max. O algoritmo do nó vizinho para calcular o conjunto dominante Min. Connected dominating set nodes em redes ad hoc sem fios. Os novos algoritmos diminuem o tamanho dos nós do conjunto dominante. Os resultados da simulação do novo algoritmo são comparados com os resultados do algoritmo de Wu e Li. A questão de investigação é a seguinte:

"Como é que o novo algoritmo max. Neighbor's node algorithm diminui o tamanho do conjunto dominante de nós de acordo com a topologia das redes sem fios?"

Capítulo 2. REVISÃO DA LITERATURA

Nos últimos anos, foram propostos vários protocolos de encaminhamento para resolver o problema do encaminhamento em redes ad hoc sem fios. São classificados principalmente em duas classes de encaminhamento. Um tipo é o protocolo de encaminhamento baseado na topologia, que se baseia nas informações sobre as ligações. O outro é o protocolo de encaminhamento baseado na posição, que utiliza informações adicionais sobre a localização física.

2.1 Protocolos de encaminhamento tradicionais

Das desenvolveu pela primeira vez algoritmos distribuídos para o Minimum Connected Dominating Set (MCDS) em redes ad hoc móveis. Estes algoritmos fornecem implementações distribuídas dos dois algoritmos centralizados apresentados por Guha e Khuller. O algoritmo do caminho mais curto não funciona muito bem em MANETS porque alguns nós podem estar temporariamente inactivos ou alguns podem deslocar-se. As redes sem fios requerem algoritmos localizados em que os nós tomam decisões de encaminhamento com base nas informações dos nós vizinhos.

Outros protocolos de encaminhamento tradicionais que utilizam o estado da ligação ou o vetor de distância em redes com fios não são adequados para redes ad hoc sem fios. A menor largura de banda nas redes sem fios torna a recolha de informações dispendiosa. A limitação de energia leva a que os utilizadores se desliguem frequentemente do anfitrião móvel. As informações de encaminhamento têm de ser localizadas para se adaptarem rapidamente às alterações de topologia causadas pelos movimentos dos nós. Os algoritmos de encaminhamento por estado de ligação estão mais próximos do algoritmo centralizado do caminho mais curto. Cada nó mantém uma visão da topologia da rede com um custo para cada link. Cada nó divulga periodicamente o custo do link entre ele e todos os outros nós. Se um nó recebe a informação, actualiza a sua visão da topologia e aplica o algoritmo do caminho mais curto para selecionar o próximo salto. Embora o encaminhamento no estado da ligação exija geralmente que cada nó conheça toda a topologia, existem alguns algoritmos de estado da ligação em que cada nó apenas mantém informação parcial da rede.

Os algoritmos de encaminhamento por vetor de distância utilizam a versão distribuída do algoritmo de Bellman-Ford (DBF), cada nó mantém para cada destino um conjunto de distâncias. Um nó seleciona o nó de salto seguinte se esse nó tiver a distância mínima para um destino. Em comparação com o algoritmo de estado da ligação, requer menos espaço de armazenamento e menos largura de banda de rede. Mas este algoritmo pode ser eficaz apenas quando as alterações topológicas da rede são raras.

2.2 Protocolos de encaminhamento baseados na posição

Nos protocolos de encaminhamento baseados na posição, a decisão de encaminhamento de um nó depende da posição do nó de destino e da posição do seu vizinho de um salto. Um método, designado por algoritmo de encaminhamento Greedy, é um protocolo baseado na posição. Cada nó reencaminha o pacote para o seu vizinho mais próximo do destino com base na informação de localização. O algoritmo guloso pode não conseguir encontrar um caminho se o nó não tiver um vizinho que esteja mais próximo do destino do que o próprio nó. Quando esse problema surge, a mensagem tem de ser reencaminhada para o nó com a menor distância para trás, o que introduz outro problema de pacotes em loop. A rota do algoritmo Greedy é muito próxima da do algoritmo do caminho mais curto, mas tem uma elevada taxa de insucesso devido a gráficos em loop ou de baixo grau.

Para resolver o problema do máximo local, é fornecido um outro algoritmo denominado algoritmo FACE. Este algoritmo garante a entrega do pacote num grafo ligado, mas tem um percurso mais longo. O algoritmo Face consiste em reencaminhar o pacote nas faces do subgrafo planar, que estão progressivamente mais próximas do destino. Também aumenta a contagem de saltos. O algoritmo GFG é uma combinação destes dois algoritmos. Primeiro é executado o algoritmo Greedy, quando este falha, é executado o algoritmo de faces e, em seguida, o algoritmo Greedy. O algoritmo GFG combina as vantagens dos dois algoritmos: garante a entrega do pacote e uma rota relativamente curta.

2.3 Protocolos de encaminhamento de fontes dinâmicas

Outros trabalhos de investigação propõem um protocolo de encaminhamento de fonte dinâmica. O

DSR é um protocolo de encaminhamento simples e eficiente, especialmente em redes ad hoc sem fios multi-hop. O DSR permite que a rede seja completamente auto-organizada e auto-configurável. O protocolo tem duas partes: Descoberta de rotas e Manutenção de rotas. Estas funcionam em conjunto para permitir que os nós descubram e mantenham rotas de origem para destinos arbitrários na rede ad hoc sem fios. O algoritmo não precisa de construir quaisquer tabelas de encaminhamento. Todos os protocolos funcionam a pedido, o que permite que a sobrecarga de pacotes de encaminhamento do DSR seja escalada automaticamente para apenas o necessário para ser alterado nas rotas atualmente em utilização. Este protocolo adapta-se rapidamente às alterações de encaminhamento quando o movimento dos nós é frequente.

2.4 Protocolos de encaminhamento de subgrafos

Alguns trabalhos de investigação tentam encontrar um subgrafo da rede ad hoc sem fios e procurar o encaminhamento no subgrafo e reduzir o tempo de execução. Estas abordagens são conhecidas como protocolos de encaminhamento baseados em conjuntos dominantes. Outro tipo de protocolos de encaminhamento, conhecido como algoritmo baseado em clusters, divide um grafo em vários clusters sobrepostos. Cada cluster é um clique, que é um subgrafo completo. O protocolo de encaminhamento é completado em duas fases: formação de clusters e manutenção de clusters. O processo de encaminhamento centraliza toda a rede numa pequena sub-rede ligada, de modo que, se as alterações topológicas da rede não afectarem esta parte centralizada da rede, não é necessário recalcular as tabelas de encaminhamento na sub-rede. O encaminhamento baseado em conjuntos dominantes é também um tipo de encaminhamento de subgrafos. Se todos os vértices que não fazem parte do subconjunto forem adjacentes a pelo menos um vértice desse subconjunto, o subconjunto é designado por conjunto dominante. O encaminhamento baseado no conjunto dominante baseia-se na teoria da dominância. Esta abordagem reduz o processo de encaminhamento e pesquisa a um subgrafo reduzido. A eficiência da abordagem depende do processo de encontrar um conjunto dominante ligado e da dimensão dos nós do conjunto dominante.

2.5 Outros protocolos de encaminhamento

Alguns protocolos visam ter em conta o problema da energia nas redes sem fios ad hoc, uma vez que os nós têm restrições de energia nessas redes. Um deles tenta selecionar diferentes nós como rota para equilibrar a assunção de energia nos nós, outro concebe protocolos de encaminhamento eficientes em termos energéticos que tomam dinamicamente decisões de encaminhamento local, de modo a formar uma rota de extremo a extremo eficiente em termos energéticos para encaminhar os pacotes de dados. Uma vez que, nas redes ad hoc sem fios, os protocolos de encaminhamento geográfico tiram partido da informação sobre a localização, esta depende em grande medida da existência de serviços de gestão da localização escaláveis. Por conseguinte, alguns trabalhos de investigação estudaram o esquema de gestão da localização nas redes ad hoc móveis. O Grid's location service (GLS) é um novo serviço de localização distribuído, que regista a localização dos nós móveis.

2.6 Resumo da investigação acima referida

Todos estes estudos se baseiam em pressupostos diferentes e tentam atingir objectivos diferentes. Alguns algoritmos baseiam-se no princípio do conjunto dominante. Esta investigação centra-se no protocolo de encaminhamento baseado no conjunto dominante mínimo; em particular, o algoritmo de Wu e Li transformou-se num novo algoritmo (algoritmo do nó vizinho máximo).

2.7 Estado da arte

Esta secção descreve os inconvenientes associados à difusão em MANET, que provoca um consumo improdutivo da largura de banda da rede. Apresenta também uma breve panorâmica dos vários mecanismos existentes utilizados para lidar com a inundação cega e enumera as desvantagens dos esquemas existentes.

2.7.1 Conjunto dominante

Um conjunto dominante para um grafo $G = (V, E)$ é um subconjunto $D \leq V$ dos vértices tal que, para cada vértice u não elemento de D, existe pelo menos um $v \in D$ e (u, v) elemento de E.

<u>Exemplo:</u>

Considere o gráfico apresentado na fig. 3.1. Existem diferentes conjuntos dominantes possíveis para este grafo. O caso mais trivial seria o conjunto dominante com todos os vértices, ou seja, D = {1, 2, 3, 4, 5, 6 }. Os conjuntos D = {4, 2} e D = {4, 5} seriam conjuntos dominantes de tamanho 2. O conjunto D = {6, 1, 3} também é um conjunto dominante, com tamanho 3.

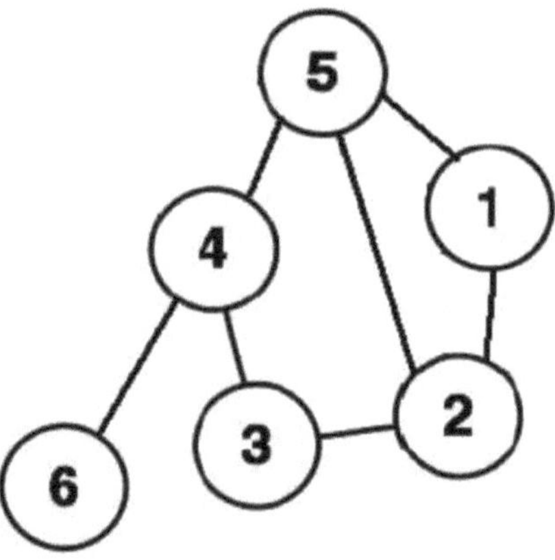

<u>Figura 2.1: Exemplo de conjunto dominante</u>

O problema do conjunto dominante, ou seja, o problema de descobrir se existe um conjunto dominante D de tamanho K ou inferior para um dado grafo G, foi provado ser NP-completo por uma redução do problema da cobertura de vértices.

2.7.2 Conjunto mínimo dominante

Diz-se que um conjunto dominante D de um dado grafo G = (V, E) é um conjunto dominante mínimo se o número de vértices em D for mínimo.

Na fig. 2.1, os conjuntos D = {4, 2} e D = {4, 5} são dois conjuntos dominantes mínimos de tamanho 2. Consequentemente, a dimensão do conjunto mínimo dominante de um dado grafo é designada por número de dominação do grafo.

2.7.3 Conjunto dominante mínimo ligado

O conjunto dominante mínimo conexo de um grafo G = (V, E) é o subconjunto C ≤ V tal que o subgrafo gerado por C é conexo e C é um conjunto dominante mínimo.

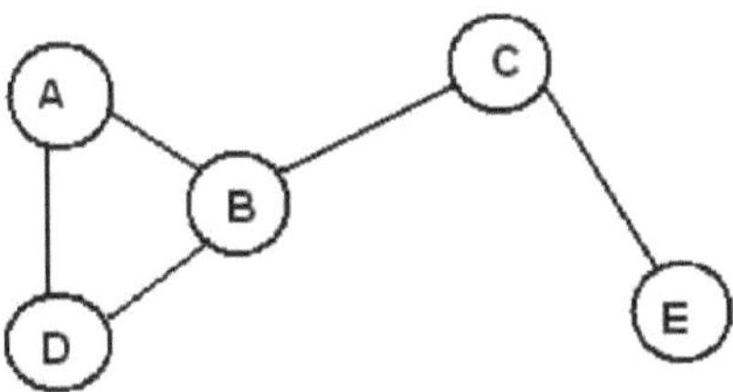

Figura 2.2: Exemplo de conjunto dominante mínimo ligado 1.

Considere o grafo da fig.2.2. Um dos conjuntos dominantes mínimos é D = {B, C} e também verificamos que B e C estão ligados no grafo, pelo que, neste caso, o conjunto dominante mínimo ligado **I** = D = {B, C}.

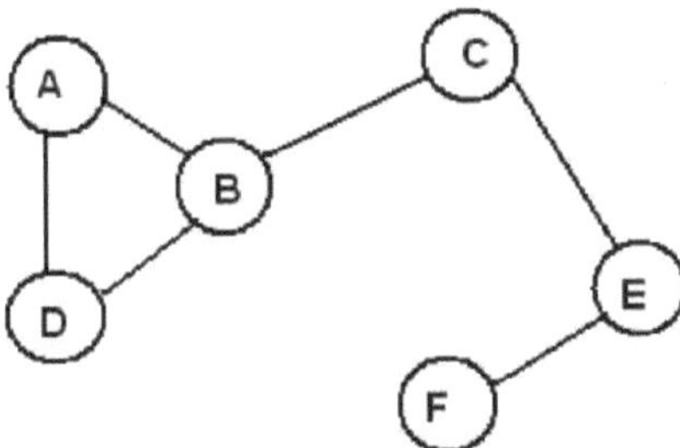

Figura 2.3: Exemplo de conjunto dominante mínimo ligado 2.

Agora, considere o grafo apresentado na fig. 2.3. O conjunto dominante mínimo neste caso é D = {B, E}. Mas B e E não estão ligados no grafo e por isso o conjunto dominante mínimo ligado I não é o mesmo que D. Para o grafo da fig.3.3 o conjunto dominante mínimo ligado é I = {B, C, E} A partir daí, descobrimos que |I| ≥ |D|.

2.7.4 O algoritmo guloso de Guha e Khuller

Este algoritmo funciona através do crescimento de uma árvore T, começando pelo vértice de grau máximo. Em cada passo consecutivo, um vértice v de T é selecionado e analisado. Quando um vértice v é examinado, são acrescentadas a T as arestas que vão de v a todos os seus vizinhos que não estão em T. Este processo resulta numa árvore de extensão cujos nós não-folha formam o conjunto dominante ligado.

Algoritmo

Entrada: Um grafo G = (V, E)

Saída: Um conjunto dominante ligado S.

Começar

1. Desmarcar todos os vértices (colori-los de branco).

2. Conjunto T = {Ø}

3. Para cada vértice u, definir N(u) = {v | (u, v) 2 E}

4. Analisar o vértice u com o número máximo de não marcados e colori-lo

preto. Todos os vértices v tais que v ∈ N(u) e v ∉ T são marcados e adicionados a T. São de cor cinzenta.

5. Continue o passo 2 sobre os vértices marcados até não existirem mais nós brancos no grafo.

6. Os vértices de cor preta formam o conjunto dominante ligado S.

Fim

Exemplo:

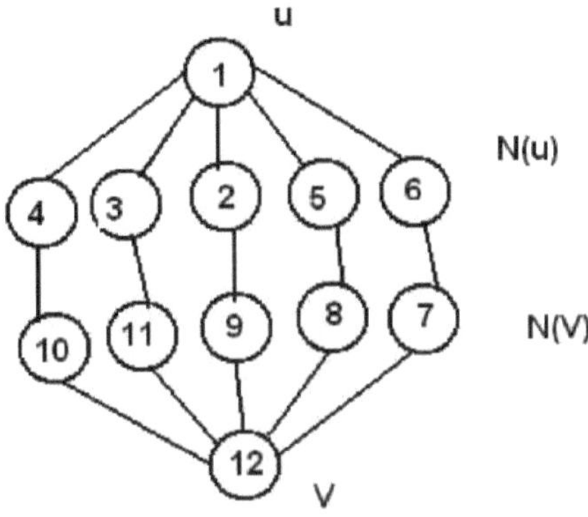

Figura 2.4: Um exemplo em que o algoritmo guloso falha.

Considere o grafo apresentado na fig.2.4. Sejam u e v vértices de grau d. Pode mostrar-se que este algoritmo produz um conjunto dominante conexo de tamanho d + 2 quando é possível um conjunto dominante conexo de tamanho 4. O algoritmo começa por varrer u (colorindo-o de preto). Isto faz com que todos os vizinhos de u (N(u)) sejam marcados (de cor cinzenta) e adicionados a T. Em seguida, escolhe um vértice de N(u) e examina-o (colorindo-o de preto) e o seu único vizinho não marcado (branco) de N(v) é marcado (de cor preta) e adicionado a T. Agora, cada vértice cinzento em N(u) tem exatamente um vizinho não marcado (branco) (em N(v)). O algoritmo continua a varrer todos os vértices de N(u) até que todos os vértices de N(u) sejam varridos. Finalmente, um vértice de N(v) é verificado, o que faz com que v seja marcado e adicionado a T. Nesta altura, quando o algoritmo termina, escolhe um conjunto dominante ligado de tamanho d + 2. A Fig. 2.5 mostra o conjunto dominante conexo de tamanho d + 2 construído por este algoritmo. Figura 2.5: Conjunto dominante conexo de tamanho d + 2 construído pelo algoritmo guloso.

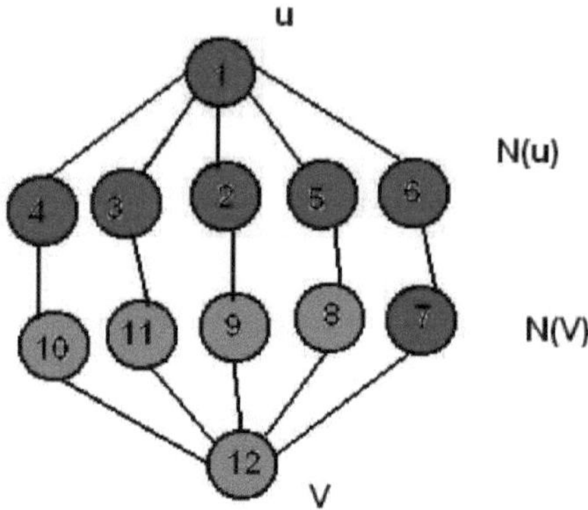

<u>Figura 2.5: Conjunto dominante ligado de tamanho d + 2 construído pelo algoritmo guloso.</u>

2.7.5 ALGORITMO DE WU E LI

Wu e Li propuseram um algoritmo distribuído simples e eficiente que permite encontrar rapidamente um DS numa rede ad hoc móvel. Numa rede ad hoc sem fios representada por um grafo G= (V, E), todos os vértices são inicialmente não-marcados. m (v) é um marcador para o vértice v. O vértice v é marcado definindo m (v) = T (marcado) e não-marcado definindo m (v) = F (não-marcado). O vizinho aberto do vértice v é representado por N (v) = {u| {v, u} <E}.

A regra básica de marcação é:

1. Cada nó v troca o seu vizinho aberto N (v) com os seus vizinhos.

2. Se o nó v encontrar quaisquer dois dos seus vizinhos x, y, que não estejam diretamente ligados, o nó é marcado como sendo um nó de conjunto dominante (nó gateway) m(v) = T.

Onde N[v] U {v} = N[v], é o conjunto fechado de vizinhos de v. Outra condição é atribuir um id distinto, id (v), a cada vértice do conjunto dominante.

A ideia principal das regras de extensão é que se um nó de um conjunto dominante A puder ser coberto por outro(s) nó(s) de um conjunto dominante (B, C ...) e o id de A for o mais pequeno, pode ser desmarcado para ser um nó de um conjunto não dominante. "Cobertura" significa que N[v] ≤ N[u] ou N (v) ≤ N (u) Ú N (w), etc. Ao aplicar as regras de extensão, alguns nós podem ser desmarcados e a dimensão do conjunto dominante é reduzida. O número de nós do conjunto dominante é largamente reduzido.

O algoritmo acima proposto por Wu e Li é distribuído e é necessário um número constante de rondas para o processo de marcação. O conjunto dominante inclui todos os nós intermédios de qualquer caminho mais curto. Wu e Li também provaram que o conjunto dominante é conexo e fechado ao mínimo.

Os nós que não são marcados pela regra extensional 1 também podem não ser marcados pela regra extensional 2. Existe alguma sobreposição entre a regra extensional 1 e a regra 2.

Os nós que não são marcados pela regra extensional 1 também podem ser desmarcados pela regra extensional 2 nos Algoritmos de Wu e Li. Existe alguma sobreposição entre a regra extensional 1 e a regra 2.

Todos os algoritmos existentes utilizaram qualquer tipo de nó para calcular o MCDS, mas os algoritmos propostos utilizam um nó que tem o número máximo de nós vizinhos, este nó cobre o nó máximo no grafo. Assim, o algoritmo utiliza o mínimo de passos para calcular o MCDS.

Capítulo 3. Abordagem do Conjunto Dominante Mínimo Conectado

Como descrito no capítulo anterior, todos os mecanismos existentes utilizados para lidar com a inundação cega sofrem de várias desvantagens. No caso dos esquemas probabilísticos, é muito difícil calcular o valor ótimo da probabilidade P. Do mesmo modo, no caso dos esquemas baseados na distância, o cálculo do valor ótimo do limiar de distância é um grande desafio. A técnica de encaminhamento assistido por localização requer hardware adicional (GPS) para a determinação exacta da localização e os esquemas baseados em clusters sofrem do problema do terminal escondido. Para ultrapassar estes inconvenientes, é proposto um mecanismo que calcula o conjunto dominante mínimo ligado para a rede a partir do conhecimento dos vizinhos. O mecanismo, juntamente com as vantagens e desvantagens que lhe estão associadas, é descrito neste capítulo.

3.1 A solução

A principal causa da redundância de difusão nas MANET é o facto de todos os nós da rede participarem no processo de retransmissão. Assim, o objetivo é identificar um número mínimo de nós móveis, que possa cobrir toda a rede. O conjunto desses nós móveis é designado por minimum Connected Dominating Set (MCDS). O MCDS é calculado e armazenado para toda a rede e só os nós situados no MCDS podem efetuar retransmissões. É construída uma espinha dorsal virtual para a rede, constituída por esses nós móveis.

3.1.1 Pressupostos

Utilização de apenas um subconjunto de todos os nós para as tarefas de encaminhamento (aquisição, manutenção e atualização das informações de encaminhamento e o próprio encaminhamento).

> Deve estar ligado (caso contrário, não é possível um encaminhamento correto).

> Deve ser razoavelmente pequeno (caso contrário, não há melhorias).

> Deve conter os caminhos mais curtos (caso contrário, o encaminhamento não é eficaz).

> As ligações entre os nós são unidireccionais.

> Deve ser constituído por nós que possuam recursos energéticos suficientes.

3.1.2Os Algoritmos

1. Começar com MCDS(x) vazio;

2. Inicialmente Conjunto de vizinhos(x)=todos os nós do grafo;

3. Caso contrário, o nó vizinho do membro Neighbors Set(x)=MCDS(x);

4. Selecionar um nó que tenha o número máximo de vizinhos no conjunto de vizinhos (x); (valor máximo de nós a descobrir).

5. Adicionado este nó ao MCDS(x).

6. Atualizar todas as informações sobre nós e MCDS ;

I. estátuas de nós ;

II. capa do nó;

III.   descoberta de nós;

IV.   Capa MCDS;

V. MCDS Uncover; ect

7. Passar à etapa 2 até que os nós MCDS não cubram todo o grafo (MCDS Uncover =0);

$$SRB\% = ((RECV\_HOSTS-REBD\_HOSTS)/RECV\_HOSTS)*100;$$

Onde,

SRB% - Percentagem de retransmissões guardadas

RECV_HOSTS - Número de anfitriões que recebem a mensagem de difusão REBD_HOSTS - Número de anfitriões que retransmitem a mensagem recebida

3.2 Explicação do algoritmo

O algoritmo acima referido corrige alguns problemas existentes com a ajuda da implementação e tenta reduzir os passos para encontrar o MCDS, pelo que a complexidade de encontrar o MCDS é automaticamente reduzida e dá um resultado de colete em relação ao MCDS.

<u>Problema nos métodos existentes:</u>

Os nós que não são marcados pela regra extensional 1 também podem ser desmarcados pela regra extensional 2 nos Algoritmos de Wu e Li. Existe alguma sobreposição entre a regra extensional 1 e a regra

2 .

Todos os algoritmos existentes utilizaram qualquer tipo de nó para calcular o MCDS, mas os algoritmos propostos utilizam um nó que tem o número máximo de nós vizinhos, este nó cobre o nó máximo no grafo. Assim, a complexidade do cálculo dos algoritmos MCDS é reduzida. Os algoritmos propostos utilizam, em primeiro lugar, um nó que tem o número máximo de nós vizinhos, de modo a cobrir o máximo de nós do grafo. Insere-o no MCDS e actualiza cada nó e o MCDS e armazena todos os nós vizinhos máximos no conjunto de vizinhos.

Em seguida, encontrar um nó vizinho máximo seguinte no conjunto de vizinhos, selecionar primeiro o nó vizinho atual, se não, selecionar o nó vizinho máximo anterior e assim por diante. Insira-o no MCDS e actualize cada nó e o MCDS e guarde todos os nós vizinhos máximos no conjunto de vizinhos. O nó vizinho deve ser guardado no conjunto de vizinhos. Este processo continua até que todos os nós do grafo não estejam cobertos.

3.3 Vantagens da abordagem

> Este método utiliza o número máximo de vizinhos para calcular o MCDS, pelo que o MCDS é demasiado pequeno.

> Este método reduz o número de nós de retransmissão necessários para percorrer toda a rede, o que leva a uma redução da redundância de difusão.

> A redução do número total de mensagens de difusão conduz a uma menor contenção no acesso ao

canal.

> A redução do número total de mensagens de difusão conduz a uma redução das colisões na rede.

Capítulo 4. IMPLEMENTAÇÃO DO ALGORITMO

Neste capítulo, descreve-se o novo algoritmo, como é implementado e como é efectuada a simulação. É importante testar o desempenho do algoritmo, simulando-o numa vasta gama de parâmetros de simulação.

4.1 Requisitos para implementar o algoritmo

O novo algoritmo foi implementado nos sistemas operativos Windows 2000 ou XP e também em Linux com programação gráfica, de rato e de teclado, para implementar a interface.

4.2 Método de aplicação

Inicialmente, o ambiente de simulação é o mostrado abaixo.

Implementação.

> Em primeiro lugar, desenhar um grafo não direcionado ligado com a utilização de ferramentas de implementação e de acordo com os utilizadores.

4.2.1 Ambiente de simulação

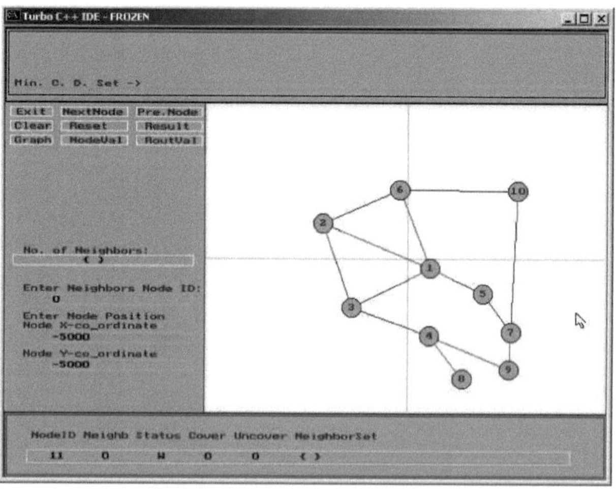

Figura 4.1 Ambiente de simulação

> Em segundo lugar, podemos mostrar um determinado gráfico sob a forma de gráfico, de tabela ou de gráfico e tabela (ambos), de acordo com a escolha do utilizador.

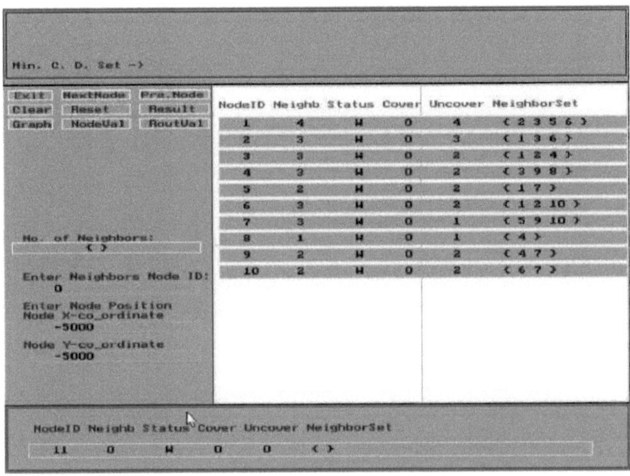

Figura 4.2 Simulação com etapas de trabalho 2

> Em terceiro lugar, podemos aplicar os novos algoritmos max. Neighbors node Algorithms, e calcular o MCDS em forma de gráfico e tabela também.

4.2.2 Cálculo de MCDS com valores de nós

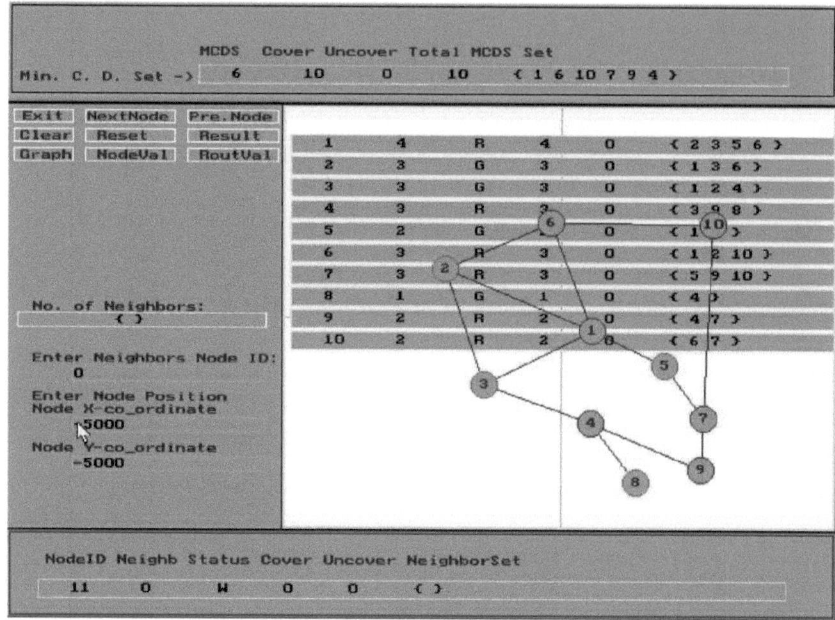

Figura 4.3 Cálculo do MCDS com os valores dos nós

4.2.3 Cálculo de MCDS com valores de passo de MCDS

> Em quarto lugar, pode aplicar a alteração no gráfico e, em seguida, mostrar a alteração do MCDS de forma gráfica e numérica.

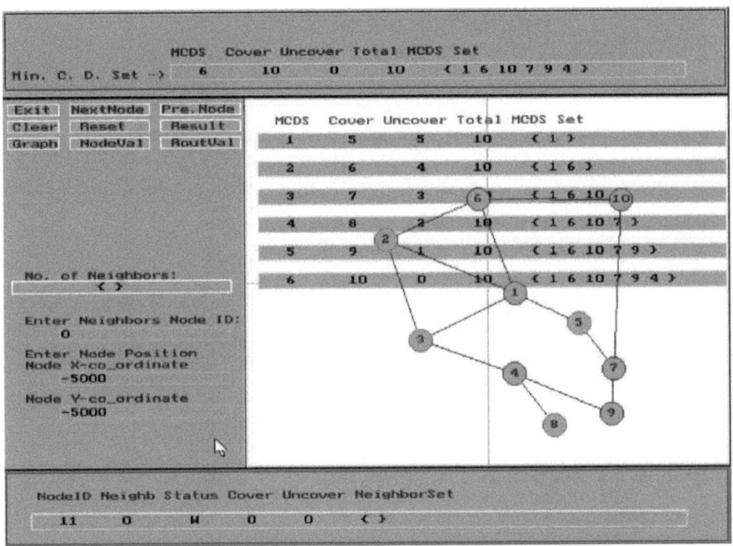

Figura 4.4 Cálculo da MCDS com os valores dos passos da MCDS

> Em seguida, pode utilizar esta implementação para compreender a alteração efectiva do MCDS e também a compressão de outros.

Capítulo 5. RESULTADOS

Neste capítulo, é apresentado o estudo de simulação que calcula o tamanho médio do MCDS derivado do nosso algoritmo e o compara com os resultados do algoritmo existente de Wu e Li & Nresh. Simulámos três algoritmos: A regra básica de Wu e Li, as regras extensionais de Wu e Li, os algoritmos de Naresh Nanuvala e o nosso novo algoritmo.

Em ambientes de simulação, os grafos são gerados de acordo com os requisitos do utilizador e o grafo gerado é não direcionado e, se o grafo gerado estiver desconectado, basta descartá-lo. Caso contrário, a simulação prossegue.

5.1 Exemplo com Evoluções de Desempenho

Suponhamos que um grafo, que tem um número total de 15 nós de 1 a 15 e ligações entre nós, é apresentado na figura:

A média de nós MCDS para os algoritmos de Wu e Li é = 8

E a média de nós MCDS para os algoritmos de Naresh é = 7

Para os novos algoritmos = 6 (como indicado na figura)

1. Avaliação do desempenho com o mecanismo proposto

Número de nós na rede = 15

Número de nós de retransmissão de acordo com o protocolo DSR =14

Número de nós retransmissores de acordo com o mecanismo proposto =6

Redução do número de hospedeiros de radiodifusão = > 14-6 = 8

Percentagem de retransmissões guardadas

SRB% = ((14-6)/14)*100 = 57,143%

2. Avaliação do desempenho com os algoritmos de Wu & Li

Número de nós na rede = 15

Número de nós de retransmissão de acordo com o protocolo DSR =14

Número de nós retransmissores de acordo com o protocolo de Wu & Li =8

Redução do número de anfitriões de difusão = >14- 8 = 8

Percentagem de retransmissões guardadas

SRB% = ((14-8)/14)*100 = 42,850%

3. Avaliação do desempenho com os algoritmos Naresh

Número de nós na rede = 15

Número de nós de retransmissão de acordo com o protocolo DSR =14

Número de nós retransmissores de acordo com o algoritmo de Naresh =7

Redução do número de hospedeiros de radiodifusão = > 14-7 = 7

Percentagem de retransmissões guardadas

SRB% = ((14-7)/14)*100 = 50%

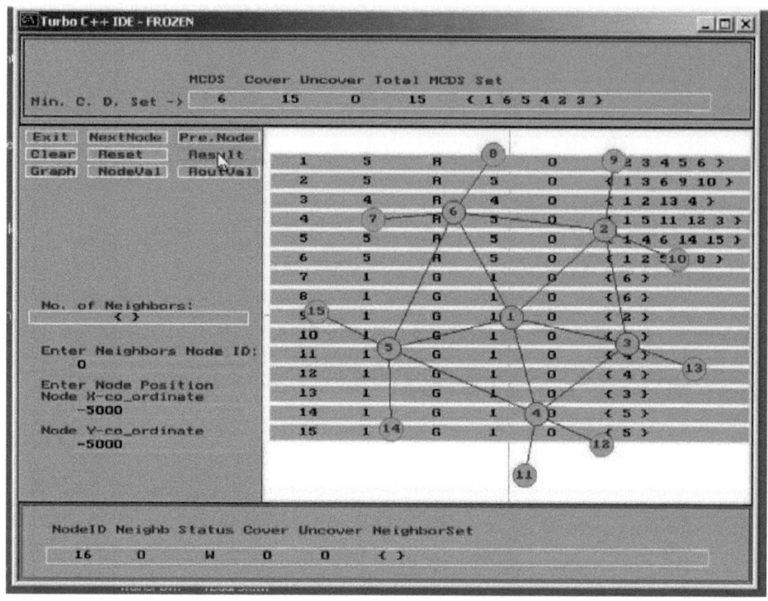

Figura 5.1 Cálculo da MCDS para o Exemplo 1

A expiração acima mostra que o algoritmo proposto reduz a retransmissão em comparação com outros algoritmos existentes.

Suponha que um grafo, que tem um número total de 12 nós de 1 a 12 e conexão entre os nós, é mostrado na figura:

A média de nós MCDS para os algoritmos de Wu e Li é = 5

E a média de nós MCDS para os algoritmos de Naresh é = 5

Para os novos algoritmos = 5 (como indicado na figura)

l. Avaliação de desempenho com novos

Número de nós na rede = 12

Número de nós de retransmissão de acordo com o protocolo DSR =11

Número de nós retransmissores de acordo com o mecanismo proposto =5

Redução do número de hospedeiros de radiodifusão = > 11-5= 6

Percentagem de retransmissões guardadas

SRB% = ((11-5)/11)*100 = 54,54%

2. Avaliação de desempenho com o método de Wu & Li

Número de nós na rede = 12

Número de nós de retransmissão de acordo com o protocolo DSR =11

Número de nós de retransmissão de acordo com o método de Wu & Li =5

Redução do número de hospedeiros de radiodifusão = > 11-5= 6

Percentagem de retransmissões guardadas

SRB% = ((11-5)/11)*100 = 54,54%

3. Avaliação de desempenho com Naresh

Número de nós na rede = 12

Número de nós de retransmissão de acordo com o protocolo DSR =11

Número de nós de retransmissão de acordo com Naresh =5

Redução do número de hospedeiros de radiodifusão = > 11-5= 6

Percentagem de retransmissões guardadas

SRB% = ((11-5)/11)*100 = 54,54%

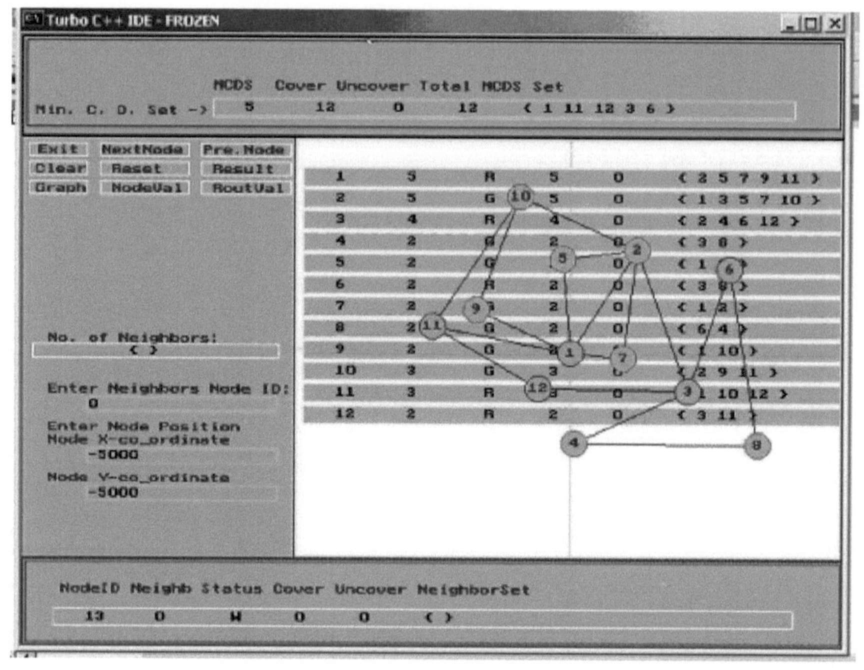

Figura 5.2 Cálculo da MCDS para o Exemplo 2

Suponha que um grafo, que tem um número total de 17 nós de 1 a 17 e conexão entre os nós, é mostrado na figura:

A média de nós MCDS para os algoritmos de Wu e Li é = 10

E a média de nós MCDS para os algoritmos de Naresh é = 7

Para os novos algoritmos = 5 (como indicado na figura)

1. Avaliação do desempenho com o mecanismo proposto

Número de nós na rede = 17

Número de nós de retransmissão de acordo com o protocolo DSR =16

Número de nós retransmissores de acordo com o mecanismo proposto =5

Redução do número de hospedeiros de difusão = > 16-5 = 11

Percentagem de retransmissões guardadas

SRB% = (11/16)*100 = 68,75%

2. Avaliação do desempenho com os algoritmos de Wu & Li

Número de nós na rede = 17

Número de nós de retransmissão de acordo com o protocolo DSR =16

Número de nós retransmissores de acordo com o protocolo de Wu & Li =10

Redução do número de hospedeiros de difusão = > 16-10 = 6

Percentagem de retransmissões guardadas

SRB% = (6/16)*100 = 37,50%

3. Avaliação do desempenho com os algoritmos de Naresh

Número de nós na rede = 17

Número de nós de retransmissão de acordo com o protocolo DSR =16

Número de nós retransmissores de acordo com o algoritmo de Naresh =7

Redução do número de hospedeiros de radiodifusão = > 16-7= 9

Percentagem de retransmissões guardadas

SRB% = (9/16)*100 = 56,57%

1. Avaliação do desempenho com o mecanismo proposto

Número de nós na rede = 20

Número de nós de retransmissão de acordo com o protocolo DSR =19

Número de nós retransmissores de acordo com o mecanismo proposto =7

Redução do número de hospedeiros de radiodifusão = > 19-7 = 12

Percentagem de retransmissões guardadas

SRB% = (12/19)*100 = 63,157%

2. Avaliação do desempenho com os algoritmos de Wu & Li

Número de nós na rede = 20

Número de nós de retransmissão de acordo com o protocolo DSR =19

Número de nós retransmissores de acordo com o protocolo de Wu & Li =11

Redução do número de hospedeiros de radiodifusão => 19-11 = 8

Percentagem de retransmissões guardadas

SRB% = (8/19)*100 = 42,1052%

3. Avaliação do desempenho com os algoritmos de Naresh

Número de nós na rede = 20

Número de nós de retransmissão de acordo com o protocolo DSR =19

Número de nós retransmissores de acordo com o algoritmo de Naresh =8

Redução do número de hospedeiros de radiodifusão => 19-8= 11

Percentagem de retransmissões guardadas

SRB% = (11/19)*100 = 57,89%

A expiração acima mostra que o algoritmo proposto reduz a retransmissão em comparação com outros algoritmos existentes.

Cálculo da percentagem de retransmissões guardadas (SRB)

N.º de anfitriões	% de retransmissões guardadas com novas	% de repetições salvas com Wu & Li's	% Saved Rebroadcasts com Naresh
12	54.54	54.54	54.54
15	57.14	42.85	50

| 17 | 78.57 | 37.50 | 56.57 |
| 20 | 63.157 | 42.1052 | 57.89 |

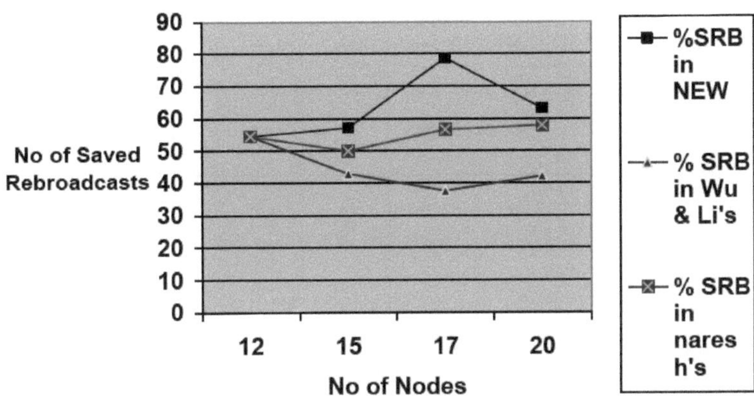

Figura 5.3 Compressão de retransmissões guardadas

Cálculo da percentagem de retransmissões

N.º de anfitriões	% de retransmissões com novos	% Reapresentações com Wu & Li's	% Reportagens com Naresh
12	45.46	45.46	45.46
15	42.86	57.15	50
17	21.43	62.50	43.43
20	36.843	57.89	42.11

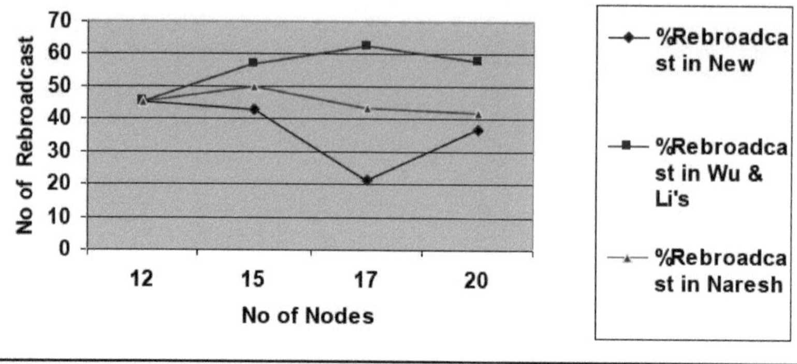

Figura 5.4 Compressão de retransmissões

Pode observar-se nas figuras acima que a redundância das retransmissões é consideravelmente reduzida pelo mecanismo proposto. Também se pode observar que, à medida que o número total de nós na rede aumenta, a percentagem de poupança nas retransmissões diminui, mas, mesmo assim, o mecanismo proposto supera os algoritmos DSR, Wu & Li e Naresh, mesmo em redes de grande dimensão.

Assim, o mecanismo proposto tem um desempenho muito bom em comparação com os algoritmos básicos DSR, Wu & Li e Naresh para uma rede e é capaz de eliminar uma grande parte da redundância de difusão.

CONCLUSÃO E TRABALHO FUTURO

Uma rede sem fios Ad hoc é um tipo especial de rede sem fios sem o auxílio de qualquer infraestrutura estabelecida ou administração centralizada. O encaminhamento de pacotes entre dois nós não diretamente ligados pode ser efectuado através de nós intermédios. Encontrar uma rota óptima enfrenta muitos desafios nas redes ad hoc. O encaminhamento baseado em conjuntos dominantes é um tipo de protocolo de encaminhamento proposto para reduzir o tempo de execução. Um conjunto dominante tem todos os nós no conjunto ou na sua vizinhança. Wu e Li & Ramesh propuseram um algoritmo eficiente para calcular o conjunto dominante conectado. A investigação apresentada nesta tese cria um novo algoritmo de nó vizinho máximo para calcular o conjunto mínimo dominante numa rede ad hoc sem fios.

Os resultados da simulação verificam que o algoritmo de Wu e Li & Ramesh resulta da utilização apenas da regra básica e gera um grande conjunto dominante. O algoritmo de Wu e Li & Ramesh diminui consideravelmente os nós do conjunto dominante. Após a aplicação do novo algoritmo, a diminuição do número de nós é mais evidente. Os resultados da simulação também mostram que os resultados do novo algoritmo são constantemente superiores.

REFERÊNCIAS

[1]Nilandri Datta," Performance Analysis of routing protocols for mobile ad-hoc Networks" cumprimento parcial do M.Tech, em IIITM Gwalior 2005.

[2]Naresh Nanuvala, "Enhanced algorithms to find MCDS in Ad-Hoc Mobile network", cumprimento parcial do Mestrado na Georgia State University em dezembro de 2006.

[3]André Schumacher" Dominating set based Routing "Palestra do seminário de 3.11.2003.

[4]W. Duckworth" Minimum connected dominating sets of random cubic graphs", no Departamento de Informática, 14 de fevereiro de 2002.

[5]Khaled M. Alzoubi, Peng-Jun Wan & Ophir Frieder "New Distributed Algorithm for Connected Dominating Set in Wireless Ad- Hoc Networks", in Department of Computer Science Illinois Institute of Technology Chicago,2002.

[6]Por Santhosh Sundararaman, "Using a Mobility Metric to Prune Connected Dominating Sets in Ad Hoc Networks for Efficient Energy Utilization".

[7]. Kan Cai "Design and Analysis of a Connected Dominating Set Algorithm for Mobile Ad Hoc Networks" TESE DE GRAU DE MESTRE EM CIÊNCIAS abril de 2004.

[8]J.Wu e H.Li, "On calculating connected dominating set for efficient routing in ad hoc wireless networks," in Proceedings of the 3rd ACM International Workshop on Discrete Algorithms and Methods for Mobile Computing and Communication 1999, pp. 7-14.

[9]P.-J. Wan, K. Alzoubi, e O.Frieder, "Distributed construction of connected dominating set in wireless ad hoc networks," in Proceedings of the IEEE Conference on Computer Communications (INFOCOM'02), junho de 2002.

[10] . K.Alzoubi, P.-J. Wan, e O.Frieder, "Message-optimal connected dominating sets in mobile ad hoc networks," in The Third ACM International Symposium on Mobile Ad Hoc Networking and Computing (MobiHoc'02), junho de 2002, pp. 157164.

[11] . P.Chen e A.Liestman, \A zonal algorithm for clustering ad hoc networks," International Journal of Foundation of Computing Science, vol. 14, pp. 305-322, Abr. 2003.

[12] . M.Gerla e J.Tsai, "Multicluster, mobile, multimedia radio network," Wireless Networks, vol-1, pp. 255-265, 1995.

[13] . S.Basagni, "Distributed clustering for ad hoc networks," in Proceedings of the 1999 International Symposium on Parallel Architectures, Algorithms, and Networks (I-SPAN'99), junho de 1999, pp. 310-315.

[14] . B.Das e V.Bharghavan, "Routing in ad-hoc networks using minimum connected dominating sets," in Proceedings of the IEEE International Conference on Communication, junho de 1997, pp. 376-380.

[15] . K.Alzoubi, P.-J. Wan, e O.Frieder, "Distributed heuristics for connected dominating set in wireless ad hoc networks," IEEE ComSoc/KICS Journal on Communication Networks, vol. 4(1), pp. 22-29, Mar. 2002.

[16] . J.Wu e F.Dai, "On locality of dominating set in ad hoc networks with switch on/off operations," in Proceedings of the 2002 International Conference on Parallel Architectures, Algorithms, and Networks (I-SPAN'02), maio de 2002, pp. 85-90.

[17] . B.Das, R.Sivakumar, e V.Bharghavan, "Routing in ad-hoc networks using a spine," in Proceedings of the IEEE International Conference on Computers and Communications Networks'97, Las Vegas, NV., Sept. 1997.

[18] . C.Lin e M.Gerla, "Adaptive clustering for mobile wireless networks," IEEE J. Selected Areas in Communications, vol. 15, no. 7, pp. 1265-1275, 1997.

[19] . R.Sivakumar, B.Das e V.Bharghavan, "An improved spine-based infrastructure for routing in ad hoc networks," in Proceedings of the IEEE Symposium on Computers and Communications'98, Athens, Greece, June 1998.

[20] . S.Guha e S.Khuller, "Approximation algorithms for connected dominating sets," Algorithmica, vol. 20(4), pp. 374-387, Abr. 1998.

[21] . J. Wu e H. Li, "A dominating-set-based routing scheme in ad hoc wireless networks," Telecommunication Systems, vol. 18, no. 1-3, pp. 13-36, 2001.

[22] . J. Wu e H. Li, "A dominating-set-based routing scheme in ad hoc wireless networks", Telecommunication Systems Journal, vol. 3, pp.63-84, 2001.

yes

I want morebooks!

Buy your books fast and straightforward online - at one of world's fastest growing online book stores! Environmentally sound due to Print-on-Demand technologies.

Buy your books online at
www.morebooks.shop

Compre os seus livros mais rápido e diretamente na internet, em uma das livrarias on-line com o maior crescimento no mundo! Produção que protege o meio ambiente através das tecnologias de impressão sob demanda.

Compre os seus livros on-line em
www.morebooks.shop

Printed by Books on Demand GmbH, Norderstedt / Germany